MANUEL CRISTALLOGRAPHE.

MANUEL CRISTALLOGRAPHE,

OU

ABREGÉ DE LA CRISTALLOGRAPHIE

DE M. ROMÉ DE L'ISLE,

Avec une méthode facile pour connoître les différentes cristallisations des mixtes qui composent un cabinet de minéralogie, aidé par une collection de Poliédres dont cet ouvrage est aussi une explication.

Par M. SWEBACH DES FONTAINES, Agrégé à l'Académie des Sciences de Metz.

A PARIS,

Chez BOSSANGE et Compagnie, Libraires, rue des Noyers.

1792.

AVERTISSEMENT.

Lorsque M. Romé de l'Isle nous a donné son savant ouvrage sur la cristallisation des pierres et des métaux, cette science alors étoit encore si neuve qu'il lui a fallu, pour en bien établir les principes et les bases, entrer dans des détails immenses et citer ses autorités par des notes aussi savantes qu'utiles ; il importoit de détruire tous les doutes de la méfiance et les erreurs du préjugé, contre toutes les connoissances nouvelles. Ce savant nous a véritablement ouvert une carrière précieuse qui, en réveillant le goût pour la minéralogie, a cessé dès ce moment d'être une simple curiosité ; il nous a expliqué une infinité de phénomènes qui peuvent nous faire marcher, pour ainsi dire, d'un pas assuré dans la connoissance de la formation du globe et découvrir en même temps la marche de la nature dans la formation des métaux.

Le plan que M. Romé de l'Isle a jugé à propos de suivre pour classer ses cristaux dans les planches de son ouvrage commençant par le tétraèdre et ses variétés, le cube et ses variétés, et ensuite l'octaèdre etc, étoit l'ordre que doit naturellement prendre le géomètre qui commence par la figure la plus simple, pour parvenir à la plus compliquée ; mais le simple amateur qui n'a de s'instruire encore qu'une très-légère notion de cette science, avec la meilleure volonté, rencontre dans cette méthode beaucoup de difficultés, s'il n'est pas un peu familier avec les termes de géométrie.

M. Romé de l'Isle l'avoit bien senti, il me pria de trouver les moyens de procurer aux amateurs une collection de polièdres en relief représentans tous les cristaux que contient son ouvrage, ce que j'ai fait avec succès, car les gravures ne peuvent en montrer que la moitié. Toutes les personnes qui se sont présentées chez moi pour se procurer mes polièdres, ainsi que mes macles en cuivre, et qui m'ont témoigné le desir d'en avoir les premières notions, je me suis fait jusqu'à présent un plaisir de leur faire quelquefois de très-longues explications; j'ai même été sollicité pendant long-temps pour mettre ce petit ouvrage au jour, et j'avoue que sans la connoissance et l'appui de M. le comte Alexis de Golowkin, jeune seigneur Russe qui joint à la plus grande aménité le goût le plus décidé pour les sciences et les arts, mon ouvrage n'auroit pas été sitôt publié. M. de Golowkin m'y a sur-tout déterminé pas son empressement d'avoir une notion exacte de la Cristallographie : je dois même à sa générosité les frais d'impression.

On trouvera dans cet ouvrage, la description de la Zéolite ou bien des variétés qui lui appartiennent, dont M. Romé de l'Isle n'avoit point parlé, ainsi que du volframe, comme on le verra dans la planche, à la fin de cet ouvrage; les substances y sont rangées par ordre de chapitre et classées selon le système de M. Romé de l'Isle avec des renvois pour ceux qui voudront de plus grands détails. Je préviens aussi que j'ai presque doublé le nombre de mes polièdres, afin qu'ils puissent être rangés par ordre de substances, et casés dans un petit corps de tiroir, avec étiquette pour que l'on puisse voir d'un seul coup-d'œil toutes les variétés de chaque espèce. On pourra toujours s'en procurer chez moi, de même que le petit corps de tiroir en bois d'Acajou, ainsi que des mâcles en cuivre au nombre de treize, et deux figures ou poliédres exécutés en cuivre, l'une servant à démontrer le passage du tétraèdre à l'octaèdre, et l'autre le passage du cube au dodécaèdre rhomboïdal.

Je suis également auteur et propriétaire d'un superbe ouvrage en dix tableaux représentant tous les morceaux les plus remarquables de la minéralogie; ils sont d'un style absolument nouveau et représentés au vrai : la couleur, le brillant et le chatoyant des différens métaux y sont rendus d'une manière surprénante ; rangés et casés selon leur rang, qui peuvent tenir lieu d'un petit cabinet complet en minéralogie, et font un très-agréable ornement étant mis sous verre. Chaque tableau, du prix de 24 livres, contient seize morceaux.

On pourra aussi se procurer chez moi, une décade de minéralogie qui avoit été commencée sous les auspices de M. Romé de l'Isle et que j'ai entrepris de terminer : il en paroît déjà sept cahiers avec dix planches chacune, et que j'ai perfectionné dans le style des dix tableaux ci-dessus, pour le prix de 24 livres chaque cahier.

DESCRIPTION
DES
CRISTAUX PIERREUX.

GIPSE OU SÉLÉNITE.

(Cristallographie, vol. premier, pag. 444.)

Fig. 27. LA cristallisation de la Sélénite, variété première, est un décaèdre rhomboïdal, que l'on peut se représenter comme un octaèdre rhomboïdal, dont les pyramides seroient tronquées plus ou moins près de leurs bases, d'où résulte, pour chaque pyramide tronquée, un plan rhomboïdal plus ou moins large, ceint par quatre trapézoïdes en biseau. PLANCH. V.

Fig. 28. Le même allongé, d'où ré-

A

PLANCH. V. sulte un prisme hexaèdre à sommet dièdre.

29. Le même que le précédent, dont deux plans du prisme sont plus enfoncés, d'où résultent deux plans hexagones.

30. Le même que la figure 28, à sommet arrondi.

31. Le même, plus comprimé, tendant au lenticulaire.

32. Sélénite prismatique hexaèdre à sommet arrondi ou curviligne. Cette figure ne differe de la précédente qu'en cela qu'elle s'est allongée de manière que les trapézoïdes linéaires se sont allongés au point de devenir un prisme.

33. Le même que le 31, plus comprimé, d'où résulte le Gipse lenticulaire.

35. Sélénite décaèdre allongée dans un sens contraire à la figure 29. (*Voyez* vol. I. pag. 447.)

36. Le même que le précédent, dont les deux faces rhomboïdales du prisme sont devenues plus étroites.

37. Le même, à plans inégaux.

38 et 39. Sélénite prismatique hexaèdre, applatie, terminée à chaque extrémité par un sommet tétraèdre à plans trapézoïdaux. (*Voyez* vol. I., pag. 452.) PLANCH. V.

40. Sélénite allongée et decaèdre (pag. 455).

41 et 42. Sélénite mallée (pag. 449).

SPATH CALCAIRE.

(Vol. I. pag. 490.)

Fig. 1re. Parallélipipède rhomboïdal, vulgairement dit Cristal d'Islande, ainsi que les deux suivans (pag. 498). PLANC. IV.

Fig. 5. Spath lenticulaire hexaèdre à sommet trièdre.

6. Le même, avec un petit commencement de prisme.

7. Le même, avec progression du prisme.

8, 9 et 10. Spath calcaire prismatique hexaèdre, à sommet trièdre, dit à tête de cloux (pag. 510).

11. Spath calcaire prismatique à sommet hexaèdre.

12. Le même, dont les faces du prisme

Planc. IV. forment des plans triangulaires alternes, à sommet tronqué.

13. Même variété que la figure 11, dont les plans du prisme sont égaux (pag. 512).

14. Spath calcaire prismatique hexaèdre, dont l'angle solide du sommet est tronqué et offre alors un plan triangulaire ceint par six trapèzes.

15. Le même que la fig. 9, dont le sommet est tronqué légèrement.

16 et 17. Les mêmes tronqués plus avant.

18 et 19. Les mêmes tronqués net, ce qui a fait disparoître absolument les faces des sommets.

20 et 21. Prisme comprimé.

22. Prisme hexaèdre, dont les six arrêtes du prisme sont tronquées.

23. Segment de la figure 18.

24. Segment de la figure 19.

25. Segment biseauté. (*Voyez* pag. 516.)

26. Segment de la figure 22 (pag. 515).

27. Spath calcaire tendant à la forme pyramidale aiguë, qui dérive du parallèli-

pipède rhomboïdal du Cristal d'Islande. PLANC. IV.
(*Voyez* aussi la figure 79, qui est à-peu près la même variété, pag. 533.)

28. Spath calcaire pyramidal, dit Dent de cochon, cristal décaèdre.

29. Le même, tronqué légèrement aux angles solides formés par la rencontre des bases des deux pyramides aiguës, tronqué plus ou moins profondément, qui indique un commencement de prisme (pag. 535).

30. 31. Les mêmes que le précédent, avec prismes hexaèdres (pag. 539).

32 et 33. Les mêmes, avec biseau sur les arrêtes saillantes des pyramides et sur les saillans des faces du prisme.

34. Le même, tronqué au sommet par trois plans trapézoïdaux, et incliné sur les angles saillans des pyramides avec biseau (pag. 544).

35. Le même que la fig. 31, tronqué net.

36. Le même que la fig. 34, et sans biseau, ce qui indique les trois plans

PLANC. IV. du sommet et présente des rhomboïdes (pag. 543).

37. Le même que le prédent, tronqué plus avant, ce qui produit six plans trapézoïdaux et trois pentagones à chacun des sommets.

38. Le même, avec trois biseaux alternes sur chaçun des angles aigus qui forment les plans du prisme (pag. 545).

39. La même variété tronquée plus avant, et laisse six petits angles isoceles qui sont les restes des plans pyramidaux de la fig. 28 (pag. 544).

40. La même que la fig. 36, qui au lieu d'être tronquée sur les arrêtes saillantes de la pyamide, sont au contraire tronquées de biais sur les arrêtes obtuses de la pyramide, ce qui produit trois rhombes (pag. 543).

41. Le même que le précédent, avec une légère troncature sur chacun des angles obtus des faces du prisme, ce qui produit trois petits angles rectangles.

42. Le même que la fig. 40, dont les

plans rhombes des sommets sont divisés en deux par le milieu, ce qui produit six triangles, et tronqués assez avant pour ne laisser voir que six petits triangles isoceles qui sont les restes de la pyramide (pag. 546). PLANC. IV.

43. Le même, avec biseau sur les arrêtes saillantes du sommet.

44. Le même, sans biseau et tronqué plus avant, qui ne laisse presque plus paroître les faces de la pyramide.

45. Parallélipipède rhomboïdal, qui diffère du Cristal d'Islande, fig. 1e., par l'inclinaison de ses plans. (*Voyez* la pag. 526.)

46. Le même, tronqué, d'où résulte une espèce de dodécaèdre à plans pantagones.

47. Le même, tronqué dans toutes ses arrêtes, d'où résulte un poliédre à 18 facettes.

48. Le même que le précédent, tronqué dans les six angles solides intermé-

PLANC. IV. diaires au sommet aigu, ce qui produit des petits triangles isoceles.

49. Le même, tronqué dans tous ses angles solides.

50. Le parallélipipède rhomboïdal (fig. 45), dont les six angles solides sont tronqués de biais sur chacune des faces, ce qui ajoute à cette variété 24 petits angles isoceles.

51. Le même que le précédent, avec une surtrature triangulaire.

52. Le même que le précédent, dont les bords du parallélipipède sont tronqués, ce qui donne à ce polièdre 50 facettes.

53. Le même que la fig. 45, tronqué net dans ses angles solides.

79. Est une modification du parallélipipède rhomboïdal, ou Cristal d'Islande. (*Voyez* la figure 27 avec laquelle elle a rapport, et la page 531.)

Spath perlé.

(Volume I, page 619.)

Fig. 1re. Parallélipipède rhomboïdal du Cristal d'Islande. Planc. IV.

78. Tronqué dans ses bords ou arrêtes, tandis que les six arrêtes intermédiaires qui concourent à former les deux angles solides obtus et diagonalement opposés, ne sont point tronquées. Ce Spath est un assemblage de petites écailles rhomboïdales voûtées ou légèrement contournées, posées en recouvrement les unes sur les autres : il en résulte des parallélipipèdes assez complets, mais très-engagés. J'ai un joli morceau de cette espèce qui vient de Sainte-Marie-aux-Mines.

Spath pesant, ou Sélénite.

Fig. 52. Toutes les formes cristallines qui se rencontrent dans le Spath séléniteux, paroissent dériver d'un octaèdre rectangle à plans triangulaires isoceles, ayant sur chaque pyramide deux faces Planc. III.

PLANC. III. opposées, plus inclinées que les deux autres, et qui deviennent prismatiques, tantôt parallelement aux deux faces les plus inclinées, et tantôt parallelement aux deux autres moins inclinées, ce qui produit des variétés dans les deux manières. (Volume I, page 586.)

Fig. 53. Spath séléniteux octaèdre à sommet cunéiforme ou bien allongé parallelement à l'angle aigu du triangle de la figure 52. (*Voyez* vol. I, pag. 587.)

54. Spath séléniteux décaèdre rectangulaire; c'est l'octaèdre précédent dont le sommet cunéiforme est légèrement tronqué, ce qui change en trapèzes les triangles des extrémités et ajoute au prisme deux plans rectangulaires.

55. Le même que la figure 53, dont les angles solides sont tronqués de même que la figure 56 tronquée plus avant.

56. On peut considérer cette variété comme ayant un prisme quadrangulaire rhomboïdal terminé par deux pyramides quadrangulaires obtuses (page 593).

57. C'est l'octaèdre de la figure 54, tronqué plus avant et comme la figure 65, que l'on nomme communément Spath pesant en table : on les trouve rarement en cristaux solitaires. PLANC III.

58. Spath séléniteux en table, où les angles solides sont légèrement tronqués (pag. 59).

59 et 60. Les mêmes, dont les angles tronqués plus avant.

61. Le même, tronqué si profondément au point que les faces des sommets sont entièrement disparues.

62. Octaèdre à sommet cunéiforme allongé parallelement aux angles aigus de la fig. primitive 52. Ce cristal est allongé en sens contraire à la figure 13, et a de même ses variétés.

63. Le même (1), dont les quatre angles solides sont quelquefois tronqués de biais, ce qui change les trapèzes du prisme en

---

(1) C'est aussi la Topaze de Sibérie. M. Forster a un superbe groupe de cette variété.

PLANC. III. hexagones irréguliers, les triangles en pentagones, et remplace les quatre angles solides par huit plans triangulaires.

64. Le même que la figure 62, dont les sommets cunéiformes sont tronqués légèrement. (*Voyez* aussi la figure 54.)

65. Spath séléniteux en table. (*Voyez* la figure 57.)

66. Quelquefois le prisme hexaèdre, figure 59, devient décaèdre par la duplication de ses biseaux dont chacun offre alors un double trapèze.

67. Cette variété est la même que la figure 58, mais légèrement tronquée aux deux extrémités qui deviennent par-là pentaèdres.

68. Quelquefois aussi le plan rectangulaire produit par cette troncature à ses bords surtronqués, ce qui ajoute à ses sommets quatre petits trapèzes en biseau.

69. Spath séléniteux. Il arrive quelquefois, comme au prisme quadrangulaire rhomboïdal, figure 56, que les quatre bords de ce prisme sont tronqués net, ce qui

produit quatre rectangles alternes avec quatre hexagones allongés, et change en même tems les trapezoïdes des sommets en quatre pentagones inégaux. PLANC. III.

70. Le même, tronqué très-profondément dans un de ses bords aigus, et très-superficiellement dans l'autre.

71. Spath séléniteux en segment de prismes rhomboïdaux plus ou moins épais de la figure 53 ou 62. (*Voyez* la page 601, volume I.)

SPATH VITREUX, OU FUSIBLE.

(Volume II, page 8.)

Le Spath vitreux, lorsqu'il est diafane et coloré, on lui donne communément les noms de fausse topaze, de fausse amétiste, de fausse émeraude, etc. Il nous vient de Saxe, de Bohême et d'Angleterre.

Fig. 1re. Spath vitreux cubique, ou parallélipipède rectangle; on le trouve rarement en cristaux solitaires. PLANCH. II.

3. Cube allongé.

PLANCH. II. 4. Le même, applati.

5. Cube tronqué dans ses angles solides, très-rare.

7 et 9. Le cube tronqué plus profondément.

22. Cube tronqué dans ses douze bords, infiniment rare : je ne l'ai vu que dans le cabinet de M. Romé de l'Isle, en très-petits cristaux couleur de rose.

23. Cube biseauté sur toutes ses faces cette variété est fort rare. M. Forstere en a un superbe groupe (1).

24. Le même que la figure 23, tronqué dans ses angles solides.

---

(1) J'ai vu, dans le cabinet de M. Garangeau, un groupe magnifique de cette variété, en biseau, mais plus complette, en ce que ses biseaux étant tronqués plus avant, et jusqu'au point de former sur chacune des faces du cube des sommets tétraèdres à plans triangulaires, M. Romé de l'Isle n'a point eu connoissance de cette variété qui est très-rare; ces cristaux sont d'autant plus beaux qu'ils sont d'un très-beau bleu céleste. Je donnerai ce groupe dans mon ouvrage de minéralogie en dix cahiers.

SPATH VITREUX OCTAÈDRE.

PLANCH. II.

(Volume II, page 71.)

Le Spath vitreux, comme les autres substances qui affectent la figure cubique, se rencontre ordinairement octaèdre, ce qui arrive par la troncature de leurs angles solides réciproquement.

Fig. 1re. Spath vitreux octaèdre de Suède et de Suisse, qui ordinairement est de couleur verte, rubis-balais, violet, noir et de couleur rembrunie. PLANC. III.

2, 3, 4, et 5. Octaèdre tronqué dans ses angles solides, plus ou moins.

On trouve le Spath vitreux octaèdre plus souvent tronqué dans ses angles solides, que l'octaèdre parfait, ce qui est le contraire dans sa cristallisation cubique.

7. L'Octaèdre tronqué légèrement dans ses bords (page 19).

12. Le même que la figure 2, comprimé (page 18).

19. Les six angles de la figure 7, au lieu d'être tronqués dans celui-ci, sont

PLANC. III. tronqués de biais par les faces, ce qui ajoute 24 petits pentagones, et forme un poliedre à 32 facettes, extrémement rare (page 20).

ZÉOLITE CUBIQUE.

Fig. 1, 2, 3 et 4. qui ne sont que le cube allongé et applati (1).

PLANC. II.

PLANCHE à la suite de ce Livre.

16. Zéolite cubique. Sur les deux faces opposées du cube se sont élevées deux pyramides obtuses tétraèdres à plans triangulai res isoceles.

17. Le même, devenu prismatique à sommet irrégulier.

18. Le même en prisme très-comprimé ou segment auquel il ne reste que deux plans des sommets, ce qui donne à ce cristal deux sommets dièdres, et produit un poliedre à huit facettes; cette variété est

(1) M. Romé de l'Isle n'a sans doute pas eu occasion d'observer les différentes variétés de la Zéolite qui, je crois, dérive bien du cube, mais qui s'en éloigne par les différentes variétés que j'ai observées, comme on la verra dans la planche que j'ai donnée à la fin de cet ouvrage.

assez

assez commune, et quelquefois ces cristaux sont groupés cruciformément: M. Forster en possède plusieurs groupes. PLANCH. II.

19. Le même, où l'on voit encore un petit triangle au sommet qui est un des plans du sommet tétraèdre de la figure première.

20. Zéolite dont les deux sommets sont séparés par un prisme fort court, et dont deux plans opposés des deux sommets sont enfoncés de manière à former quatre hexagones irréguliers, et quatre petits triangles.

21. Le même, plus irrégulier.

22. Segment de la figure 20, ou bien le cristal comprimé dans deux faces opposées du prisme.

23. La figure 16, dont les deux sommets se rencontrent base à base sans prisme intermédiaire, ce qui donne un polièdre octaèdre à sommet très-obtus.

Cristal de Roche.

19. La figure primitive du cristal de PLANC. VI.

PLANC. VI. roche, est un dodécaèdre formé par deux pyramides hexaèdres à plans triangulaires, sans prismes intermédiaires ; il est très-rare de le rencontrer en cristaux solitaires sous cette forme.

20. Cristal de roche à deux pointes, dont trois des faces alternes de chaque pyramide sont tronquées plus profondément que les trois autres.

21, 22 et 23. Cristal de roche à deux pointes séparées par un prisme intermédiaire plus ou moins long. (V. II, p. 74).

24. Cristal de roche de la variété précédente, où il se trouve deux faces de la pyramide opposées l'une à l'autre, beaucoup plus larges que les autres.

25. Le même, plus irrégulier.

26. Cristal de roche où deux faces contiguës et opposées à deux autres faces également contiguës de la pyramide inférieure ou supérieure, sont plus allongées que les quatre autres, ce qui donne à ce cristal une figure assez difficile à

reconnoître, si ce n'est par les faces du prisme qui sont striées. PLANC. VI.

27. Cristal de roche prismatique fort comprimé et irrégulier.

28. Cristal de roche prismatique régulier; on le trouve difficilement de cette perfection.

29 et 30. Cristal de roche prismatique régulier et très-comprimé.

31. Prisme hexaèdre à deux côtés plus larges que les autres ainsi que les sommets.

32. Prisme hexaèdre dont les côtés sont alternativement larges et étroits, terminés par deux pyramides hexaèdres, qui paroissent triangulaires.

33. Prisme hexaèdre ayant, ainsi que les pyramides, deux côtés plus étroits que les quatre autres; cette variété est rare.

34. Prisme hexaèdre dont les côtés sont égaux, terminés par deux pyramides hexaèdres qui paroissent alternativement trièdres.

35. Prisme hexaèdre à plans pentagones,

Planc. VI. terminés par deux pyramides trièdres alternes dont les plans sont pentagones; très-rare en cristaux solitaires. Cette variété est celle qui s'éloigne le plus de la forme originaire et distinctive du cristal de roche; les plans du prisme se confondent tellement avec ses deux pyramides, qu'à peine apperçoit-on leurs séparations. (vol. I I, page 93.)

36. Cristal de roche dont le prisme se confond insensiblement avec la pyramide (vol. II, page 126.)

37 et 38. Prisme hexaèdre dont les côtés sont alternativement larges et étroits, mais très-inégaux entre eux, de même que les faces des pyramides qui le terminent. (*Voyez* volume II, p. 95.)

Cristaux gemmes, ou pierres fines.

Diamant.

Planc. III. *Fig.* 1re. Octaèdre rectangulaire, aluminiforme, c'est-à-dire un polyèdre terminé par huit plans triangulaires équilatéraux, et dont les angles solides sont au nombre de six. PLANC. III.

Les variétés suivantes sont la suite de cette première forme facile à comprendre, et ne changent point de dénomination, qui sont :

Fig. 2, 7, 17, 18. (*Voyez* la Cristallographie, vol. II, pag. 202.)

Fig. 33, 34. Diamant triangulaire, à pyramide trièdre. PLANCH. I.

Fig. 65, 66, 67, 68. Diamant dodécaèdre. PLANC. IV.

Fig. 106. Dodécaedre à plans rhombes comme le Grenat.

RUBIS, SAPHIRE, ET TOPAZE D'ORIENT.

Fig. 59. Pyramidal à deux sommets hexaèdres fort allongés. (Vol. II, pag. 215.) PLANC. VI.

RUBIS SPINELLE.

Fig. 1, 2, 7, 9, 11, 12, 15, 16, 33. Octaèdre dont les variétés sont faciles à connoître. (Vol. II, pag. 220.) PLANC. III.

PLANCH. I. *Fig.* 2. Tetraèdre, qui provient de l'octaèdre. (*Voyez* pag. 227.)

RUBIS, TOPAZE, ET SAPHIRE DU BRÉSIL.

PLANC. V. *Fig.* 19, 20, 21, 22, 23, 24.

Ces différentes variétés sont faciles à connoître; ce sont des prismes tétraèdres rhomboïdaux, à pyramides trièdes. (V. II, pag. 232.)

EMERAUDE DU PÉROU.

(Vol. II, pag. 245.)

PLANC. IV. *Fig.* 18, 22, 100, 101, 102, 103. Prisme hexaèdre tronqué.

PLANC. VI. *Fig.* 46. Prisme hexaèdre tronqué, avec biseau sur les deux faces hexagones (pag. 254).

TOPAZE DE SAXE.

PLANC. III. *Fig.* 77, 78, 79, 80. (Vol. II, pag. 263.)

Prisme quadrangulaire rhomboïdal avec biseau, à sommet dièdre.

La Topaze de Siberie est de la même forme, à l'exception qu'elle présente un prisme sans biseau, pour l'ordinaire, ce qui fait voir l'octaèdre allongé dont a parlé M. Romé de l'Isle, et légèrement tronqué dans ses angles solides. PLANC. III.

CHRYSOLITE, proprement dite.

Fig. 15, 16, 17, 18. (Vol. II, pag 273.) PLANC. VII
Ces cristaux sont en prismes dodécaèdres à sommets hexaèdres pyramidaux.

CHRYSOLITE DU BRÉSIL.

Fig. 18, 100. Prisme hexaèdre tronqué net. (Vol II, pag. 254.)

AMÉTISTE, OU AIGUE-MARINE DE SAXE.

Fig. 22, 23, 25, 26. Vol. II. pag. 293. PLANC. IV.
Prisme dodécaèdre et en segmens du même prisme.

EMERAUDE DU BRÉSIL.

Fig. 92. Prisme à huit pans, et n'est

PLANC. IV. autre chose qu'un Chorle ou Tourmaline transparente et colorée à sommet triède. (pag. 367).

HYACINTE.

Fig. 112, 113, 114, 115, 116, 117, 118, 119, 120, 121, 122, 123, 124, 125. Dodécaèdre à plan rhombe, qui differe du Grenat (pag. 286), et ne présente pas les mêmes variétés.

Les faces de la pyramide de l'Hyacinte sont plus inclinées que dedans le Grenat, et les rhombes intermédiaires de l'Hyacinte sont plus aigües : l'on considere l'Hyacinte comme un prisme quadrangulaire, à plans rhombes, terminé par deux pyramides quadrangulaires à plans rhombes.

AIGUE-MARINE DE SIBÉRIE.

(Vol. II, pag. 254.)

Fig. 22, 28. Prisme hexaèdre tronqué net.

GRENAT.

GRENAT.

(Pag. 319.)

Fig. 104, 105, 106, 107, 108, 109, 110, 111. Dodécaèdre à plans rhombes, qui doit être considéré comme un prisme hexaèdre à sommet trièdre; la figure 110 est provenue des biseaux qui ont fait disparoître les plans rhombes, en doublant le nombre des faces, et qui forment un cristal à 24 facettes pentagones. PLANC. IV.

CHORLE, TOURMALINE, ET PERIDOT.

Fig. 5, 88, 89, 90, 91, 92, 93, 94, 95, 96, 97, 98, 99. (Vol. II, pag. 390.) La figure 5 est la plus simple que l'on rencontrerdansles Tourmalines; c'est un parallélipipède rhomboïdal très-comprimé, que l'on peut considérer comme un cristal lenticulaire hexaèdre, formé par deux pyramides trièdres à plans rhombes, et un peu plus comprimé que le Spath lenticulaire.

PLANC. IV. Les deux suivans sont les mêmes, dont l'un est séparé par un prisme hexaèdre, et l'autre sans prisme, mais biseauté sur les arrêtes du sommet.

Fig 91. Prisme à neuf côtés, et toujours à sommet trièdre.

92. Le même, mais strié dans sa longueur, ce qui est ordinaire dans le Chorle vert et Tourmaline d'Espagne, de Madagascar et du Tyrol.

96. Chorle violet du Dauphiné, est un parallélipipède rhomboïdal très-comprimé.

97. Chorle noir, en prisme tétraèdre rhomboïdal, à sommet trièdre.

99. Hexaèdre un peu comprimé, à sommet trièdre et diedre, que l'on peut regarder comme une macle par le renversement d'une moitié longitudinale de la variété précédente.

FELD-SAPTH.

(Pag. 459.)

PLANC. III. *Fig.* 83, 84, 85, 86, 87, 88, 89, 90, 91,

92, 93. Les figures suivantes sont maclées. PLANC. III.
94, 95, 96, 97, 98, 99, 100.

La figure 83, la plus simple, est un prisme quadrangulaire rectangle, terminé par deux plans inclinés, ce qui donne quatre rectangles égaux et deux rhombes.

Fig. 84. Prisme hexaèdre produit par la troncature assez profonde des quatre arrêtes du prisme quadrangulaire. Cette variété peut encore être considérée comme un prisme tétraèdre rectangulaire, ainsi que la suivante 85 qui a une légère troncature.

86. Prisme hexaèdre un peu comprimé, terminé par deux sommets dièdres à plans pentagones.

87. Variété précédente, dont les deux sommets dièdres se touchent.

88. Le même que le 84 dont le prisme s'est accrû parallelement aux deux rhombes primitifs, et un peu comprimé.

89. Le même, plus comprimé, au point que les deux plans rhombes du

PLANC. III. prisme sont disparus, et forment un prisme rhomboïdal terminé par deux sommets dièdres.

90. Prisme hexaèdre terminé par des sommets trièdres, lequel se présente aussi très-souvent comme un prisme tétraèdre. Ces apparences différentes dans la même variété ne sont dues qu'à cela seul que le cristal s'est allongé, tantôt parallelement aux sommets dièdres de la variété, figure 85, tantôt parallelement aux faces trapézoïdales de la même variété. (*Voyez* la Cristallographie, vol. II, pag. 468, et 469.)

91. Celle-ci et les suivantes sont en prismes tétraèdres rectangles, terminée par des sommets tétraèdres, ce qui for un dodécaèdre.

92. Prisme tétraèdre à sommet hexaèdre, à plans fort inégaux, et diversement incliné. (*Voyez*. pag. 472 et 473.)

93. Prisme tétraèdre terminé par des sommets octaèdres. Ici se termine l'énumération des variétés : ce cristal se trouve

complet; les suivans sont des macles de presque toutes les variétés précédentes, ce qui est une série de macles fort curieuses. Je ne connois aucune substance dont les macles soient autant variées. PLANC. III.

PIERRE ARGILEUSE.

(Vol. II, pag. 500, planc. IV, fig. 23.)

Le Mica, la Stéatite ou Talc, proprement dit la Plombagine, ou Molibdène.

Ces trois substances sont le résultat d'une combinaison salino-pierreuse et particulière qui les détermine à se cristalliser en feuilles minces hexagones, lesquelles s'appliquent parallelement entre elles, de manière à produire des segmens de prisme hexagones plus ou moins étendus, plus ou moins épais, mais toujours sans pyramides.

Fin des Cristaux pierreux.

PLAN. VII.

CRISTAUX MÉTALLIQUES.

ARSENIC.

(Volume III, page 29.)

Fig. 4. Pyrite blanche arsenicale ou Mispickel, est un prisme rhomboïdal tétraèdre, tronqué net à ses deux extrémités.

Fig. 10. Prisme tétraèdre rhomboïdal, terminé par deux sommets dièdres fort obtus, dont les plans sont triangulaires.

RUBINE D'ARSENIC.

Réalgar natif, Soufre des volcans.

Ce minéral ne diffère de l'espèce suivante qu'en ce que l'Arsenic y est minéralisé par une plus grande quantité de Soufre. Lors donc que la partie sulfureuse y domine, il en résulte un minéral susceptible de cristallisation déterminée, qui paroît être une modification de l'octaèdre rhomboïdal du Soufre (pl. V, fig. 5), et que sa transparence et sa belle couleur rouge ont fait désigner sous les noms de Rubine d'Arsenic, et de Rubis de soufre. PLAN. VII.

11. Rubine d'Arsenic. Prisme rhomboïdal à pyramide obtuse.

12. Le même, dont les pyramides sont tronquées au sommet et dans leurs angles solides, ce qui change en trapèze les triangles scalenes de cette pyramide.

13. Rubine d'Arsenic, en prisme hexaèdre un peu comprimé, terminé par deux sommets tétraèdres ; ce prisme hexaèdre résulte de la troncature longitudinale des deux bords aigus du prisme rhomboïdal de la figure primitive (fig. 11).

14. La même que la précédente, dont les deux bords obtus du prisme sont aussi tronqués légérement.

15. Les deux hexagones larges du prisme des précédentes figures sont dans celle-ci remplacées chacune par un double trapèze en biseau, de manière que le prisme est devenu décaèdre, tandis que les sommets sont restés tétraèdres à plans pentagones irréguliers.

PLAN. VII. 16. Dans celui-ci, l'arrête formée par la jonction des deux trapèzes en biseau, est elle-même surtronquée, et rend le prisme dodécaèdre.

17. Le prisme de la figure 13, dont les angles solides sont tronqués très-profondément, jusqu'à faire disparoître les quatre faces des sommets, produit un prisme hexaèdre à sommet dièdre.

ARSENIC A L'ÉTAT SALIN.

PLANC. III. *Fig*, 1, 2, 10, 12, 23.

M. Forster a un superbe groupe, où toutes ses variétés se rencontrent et dont les cristaux sont d'un beau blanc de neige et transparent.

MINE D'ANTIMOINE GRISE.

(Volume III, page 49.)

PLAN. VII. *Fig.* 11, 12, 13, 17.

Ces cristaux sont décrits ci-dessus à l'article de l'Arsenic; je dirai seulement que, dans la mine d'Antimoine grise, les

sommets

sommets sont séparés par de très-longs prismes, et souvent striés dans leurs longueurs. PLANC. VII.

ZINC OU BLENDE.

(Volume III, p. 64.)

Fig. 1, 2, 11, 13, 15, 16, 29, 30, 31, 32. PLANCH. I.
Fig. 9, 22. PLANC. II
Fig. 1, 2, 3, 4, 5, 6. PLANC. III.

La cristallisation de la Blende est, tantôt l'octaèdre, et tantôt le tétraèdre et ses différentes modifications. Rien n'empêche ici de considérer l'octaèdre comme une des modifications du tétraèdre, qui présente aussi les variétés suivantes. (Vol. III, pag. 64.)

Fig. 1. Blende tétraèdre ; telles sont plusieurs Blendes noires ou brunes du Hartz et de Hongrie. PLANCH. I.

2. Le tétraèdre tronqué dans ses angles solides.

Fig. 1. Le même tètraèdre tronqué plus avant, d'où résulte l'octaèdre parfait, qui PLANC. III.

PLANC. III. souvent est tronqué dans ses angles solides, et quelquefois ces troncatures s'agrandissent aux dépens des faces hexagones; alors ces cristaux présentent différentes modifications du cube. (Pl. II, fig. 9 et 22.)

7. L'octaèdre tronqué dans ses douze arrêtes.

PLANCH. I. *Fig.* 3. Le tétraèdre régulier, dont les quatre angles solides sont tronqués de biais par les faces, d'où résulte un polièdre à seize facettes.

13. La variété, précédente dont les bords sont tronqués de part et d'autre en biseau, d'où résulte un polièdre à vingt-huit facettes.

9. Nous n'avons point vu cette variété.

29. Le tétraèdre régulier, dont chaque face est remplacée par trois plans trapézoïdaux, et chacune des arrêtes par deux plans triangulaires isoceles apposés par leurs bases; il en résulte un polièdre à vingt-quatre facettes.

30. La variété précédente, dont les quatre nouvaux angles sur chacune des faces du tétraèdre primitif sont légérement tronqués. Planch. I.

31. La même, plus fortement tronquée, ce qui donne à ce cristal vingt-quatre triangles isoceles et quatre triangles équilatéraux.

32. Le même que la figure 30, dont les nouvelles arrêtes produites par la rencontre des bases des petits triangles isoceles, sont aussi légérement tronquées; ces cristaux sont pour l'ordinaire entassés confusément les uns sur les autres, ce qui donne beaucoup de peine à les reconnoître, et d'ailleurs chacune de leurs pointes a pour ainsi dire son apparence particulierè; mais outre ces variétés de Blende déterminée, il est bien plus ordinaire de la rencontrer en cristaux poliédres à facettes arrondies, dont la forme est indéterminée, ils sont entassés les uns sur les autres, de maniere à former des masses

PLANCH. I. globuleuses et informes. (*Voyez* vol. III, pag. 73.)

ZINC OU CALAMINE.

PLAN. VII. *Fig.* 18. Prisme hexaèdre un peu comprimé, à sommet dièdre. Ces cristaux sont d'ordinaire fort petits et groupés confusément dans les interstices des pierres calaminaires. M. Forstere en a un superbe groupe, où les cristaux sont très-distingués et plus grands qu'à l'ordinaire. (Vol. III, pag. 7.9)

ZINC, OU MANGANÈSE.

La forme déterminée de la Manganèse est un prisme tétraèdre rhomb oïdal, strié dans sa longueur et tronqué net à ses extrémités (pag. 88).

PLANC. III. *Fig.* 1. J'ai vu, dans la belle collection de M. Forstere, un morceau très-rare de

Manganèse cristallisée en beaux grands cristaux octaèdres réguliers. PLAN. III.

BISMUTH.

Fig. 1. Le Bismuth en régule natif, est ordinairement en cube ou octaèdre ; souvent ces cristaux se ramifient en façon de dendrites, dans des gangues spatiques ou quartzeuses. (*Voyez* vol. III. pag. 112.) PLANCH. I.

MINE DE COBALT.

(Vol. III, pag. 120).

Le Cobalt arsenical offre les variétés suivantes du cube : fig. 1, 2, 5, 6, 7, 9.

COBALT ARSENICO - SULFUREUX.

Fig. 17, 18, 19, 20, 21, 27, 32.

17. Le cube strié.

18. Le même, légérement tronqué dans ses bords, de biais sur ses faces.

19. Le cube tronqué dans ses bords, mais plus profondément.

Planch. II. 26. Le cube tronqué dans ses bords et dans ses huit angles solides.

27. Le Dodécaèdre à plans pentagones lisses, lequel a lieu dans cette espèce, lorsque les troncatures des bords ont pris assez d'étendue pour faire disparoître les six plans striés du cube primitif, et on ne doute pas qu'on ne puisse la trouver sous la forme d'un icosaèdre à plans triangulaires, fig. 21 et 32. Ces variétés sont les mêmes que celles du cube strié, comme on le voit dans les marcassites qui présentent cette même forme.

Mine de Cobalt sulfureuse.

(Vol. III, pag. 145.)

Planc. VII. Les mines de Cobalt sulfureuses et pyriteuses sont rarement déterminées en forme cristalines. M. Romé de l'Isle y a cependant remarqué des prismes tétraèdres terminés par des sommets dièdres à plans rhomboïdaux. Ces prismes sont d'un beau rouge plus ou moins transparent, et sont pour l'ordinaire rassemblés en mamelons. (Fig. 35 et 36.) Plan. VII.

Mercure ou Cinabre natif, ou Mine de mercure sulfureuse.

La forme cristaline paroît dériver du tétraèdre, ou plutôt de deux tétraèdres joints ensemble et apposés par leurs bases ; mais ordinairement les sommets de ses pyramides sont tronqués plus ou moins près de leurs bases ; il est bien plus ordinaire de trouver le Cinabre en masse confuse, ou par veines irrégulières dont le tissu est tantôt écailleux ou granuleux. (*Voyez* vol. III, pag. 158.) Planche I.

Mine de mercure corné, ou mercure doux.

(Vol. III, Page 162.)

Fig. 37. Prisme tétraèdre et quadrangulaire, terminé par des pyramides quadrangulaires aiguës, dont les plans sont rhomboïdaux ; cette Mine est quelquefois Plan. VII.

PLAN. VII. blanche, grise ou verte, etc. Elle vient d'être nouvellement découverte dans le duché de deux-Ponts, et se trouve dans les parois de certaines mines de fer brune ou hépatique.

FER.

(Vol. III, pag. 176.)

PLANC. III. *Fig.* 1re. Fer octaèdre attirable à l'aimant. Les mines de Suéde nous donnent cette variété et les deux suivantes.

2. L'octaèdre cunéiforme.

12. Segmens de l'octaèdre.

9. L'octaèdre passant au parallélipipède rhomboïdal ; on les trouve dans des pierres ollaires de l'isle de Corse.

PLANC. IV. 106. L'octaèdre passant au dodécaèdre à plans rhombes. (*Voyez* vol. III, pag. 79.) on ne le distingue du Grenat, que par ses stries.

69. Le même, tronqué dans ses angles solides obtus. (*Voyez* pag. 80).

PLANC. III. *Fig.* 7. Octaèdre dont les douze arrêtes sont légérement tronqués.

MINE

MINE DE FER GRISE, OU SPÉCULAIRE, PLANC. III.

légérement attirable à l'Aimant.

(Volume III, page 187.)

Ses formes cristalines sont des plus variées, elles présentent différentes modifications de l'octaèdre du cube, et même du dodécaèdre à plans triangulaires isoceles.

Fig. 12. Segment mince d'octaèdre, en lame hexagone, ceinte par six trapèzes linéaires en biseau, alternativement incliné en sens contraire, telle est la mine de fer spéculaire du Mont d'Or en Auvergne; ces lames ont l'éclat du plus bel acier poli, et presque la fragilité du verre (pag. 89).

Fig. 34. Fer spéculaire de l'isle d'Elbe. Le cube dont les deux angles opposés sont tronqués de biais par les faces, d'où résulte un dodécaèdre à plans triangulaires, six desquels sont des triangles rectangles, et six autres des triangles obtusangles striés parallement à leurs bases. PLANCH. II.

PLANCH. II. 35. Le même, tronqué plus avant.

36. Le même, tronqué au point qu'il ne reste des six faces du cube, que six petits plans triangulaires ; on peut le considérer comme un cristal lenticulaire, et a quelque rapport avec le Spath lenticulaire. (pl. IV, fig. 6.)

37. Le cube, dont deux angles diagonalement opposés, sont tronqués de biais par les faces, et les six intermédiaires de droite et de gauche, sur les faces alternes. Ces cristaux de fer de l'isle d'Elbe sont à vingt-quatre facettes.

38. Le même que le précédent, mais plus court. Cette variété, qui n'est qu'une très-légère modification de la précédente, est celle qui se rencontre le plus communément.

39. Le même, encore plus court, et devenu presque lenticulaire. Cette variété qui se rencontre très-fréquemment, est quelquefois très-mince.

40. Les cristaux 37 et 38, dont les six angles solides intermédiaires sont tron-

qués net, ce qui ajoute à cette variété six petits triangles rectangles lisses, et porte à trente le nombre des facettes. PLANCH. II.

Fig. 40. Mine de fer grise spéculaire de Framon et du Valdajol, près Plombière. Deux pyramides hexaèdres, jointes bases à bases sans prisme intermédiaire, et tronqués net près de leurs bases. PLANC. VI.

41. Le même, mais tronqué plus près de la base des pyramides, d'où résulte un hexagone regulier ceint par six trapèzes ou biseaux.

42. Les cristaux minces de la variété précédente, avec des troncatures légères sur les arrêtes alternes de leurs pyramides tronquées.

43. Le même, dont les arrêtes sont plus fortement tronquées. (Voyez vol. III, pag. 201.)

44. Le même que la figure 41, mais séparé par un prisme.

45. Le même que le précédent, mais dont le prisme est beaucoup plus long.

Pyrittes martiale, ou Marcasite.

Planch. II. *Fig.* 1re. Marcassite en cube lisse, assez commune en cristaux solitaires.

2. Cube applati.

3. Cube allongé.

4. Le même, applati.

5. Le cube dont les huit angles solides sont tronqués.

7. Le même, tronqué plus avant.

9. Le même, encore plus avant.

12. Le cube lisse, dont les huit angles sont tronqués de biais par les faces, ce qui produit un polièdre à trente facettes.

13. Le même, dont l'extrémité des angles solides est de plus surtronquée net.

14. Le cube lisse, dont les huit angles solides sont tronqués net, et sur tronqué de biais par les bords, d'où résulte un polièdre à trente-huit facettes.

15. La variété précédente, plus fortement tronquée par les bords, ce qui change en dodécagone les six poligones

à 16 côtés, et les huit hexagones irrégu- PLANCH. II.
liers en triangles équilatéraux.

17. Le cube strie cette variété, d'où dérivent les suivantes et très-singulieres, en ce que les stries des faces opposées sont paralleles entre elles et perpendiculaires à celles des faces voisines. (*Voyez* vol. III, page 217.)

18. Le cube strié, dont les arrêtes sont légèrement tronquées de biais, d'une direction parallele aux stries sur chaque face du cube.

19. La variété précédente plus profondément tronquée.

20. La même, ayant de plus ses huit angles solides tronqués net.

21. Le même que le précédent, tronqué plus avant, et ne laisse paroître que le reste des six faces du cube strié, ce qui fait voir d'une manière sensible le passage du cube à l'icosaèdre régulier, ci-après figure 32.

25. La variété 13, figure 19, plus tronquée, au point que les six faces du

Planch. II. cube strié sont entièrement disparues, d'où résulte un dodécaèdre à plans pentagones lisses, et qui differe du dodécaèdre régulier planche II, figure 25. Ces Marcassites qui sont ordinairement cuivreuses, se trouvent assez souvent solitaires.

26. Le dodécaèdre à plans pentagones, allongé ou pyramidal. (*Voyez* la pag. 227.)

28. Le dodécaèdre figure 27, dont les huit angles solides qui tiennent la place des huit angles du cube, sont tronqués net légèrement, d'où résulte un polièdre à vingt facettes (page 229).

29. Le même que le 27, dont les huit angles sont légérement tronqués de biais par les faces, d'où résulte un polièdre à 36 facettes.

30. La variété précédente, dont les 8 angles sont de plus surtronqués net.

31. Le même que la figure 29, dont les angles sont tronqués de biais, mais plus avant.

32. L'icosaèdre régulier, ou la figure 28 tronquée, dant ses 8 angles solides assez

profondément pour que les triangles équilatéraux qui résultent de ses troncatures se touchent par leurs angles. Planc. II.

33. Le triacontaèdre à plans rhombes, ou le polièdre à 26 facettes, de la figure 20, dont les 24 angles solides sont tronqués de biais, et profondément par les faces, de manière que les 12 trapèzes ont disparu ; les 8 angles équilatéraux sont alors remplacés chancun par 3 rhombes, qui joints aux 6 qui sont restés de la portion des faces du cube, forment les 30 rhombes striés de ce polièdre. (pag. 234).

Marcassite Octaèdre.

Fig. 1, 2, 3, 4, 5. Ses variétés sont faciles à reconnoître, et n'ont pas besoin de description. Planc. III.

20. L'octaèdre dont les 6 angles solides sont tronqués de biais par les bords, d'où résulte un polièdre à 20 facettes inégales.

21. La variété précédente, sur les faces de laquelle s'élevent autant de petites

Plan. III. pyramides trièdres obtuses, à plans subpentogones striés, tandis que les 10 plans triangulaires isoceles n'éprouvent aucun changement.

22. Le polièdre de la figure précédente a 36 facettes, avec cette différence que les triangles isoceles sont plus petits (p. 24).

Toutes ces belles variétés se trouvent ordinairement sur des groupes de mine de fer de l'île d'Elbe. Voyez le cabinet de M. Besson, dans sa riche collection de l'île d'Elbe.

Mine de Fer Hépatique.

(Vol. III, pag. 265).

On trouve la mine de fer hépatique en cube lisse, dans la même espèce que les cristaux de fer noirâtre octaèdre, quoiqu'elle ne soit point attirable à l'aimant, on la trouve, comme la marcassite dont elle provient, en cube solitaire ou en groupe.

Plan. II. *Fig.* 1, 2, 3, 5, 7 et 9.

Fig. 17, 18, 19, 20, 21, 27. Modification du cube strié. PLANC. II.

Fig. 1, 2, 4, 5, 6, modification de l'octaèdre. PLANC. III.

MINE DE FER SPATHIQUE.

La mine de fer spathique, est un spath calcaire ou perlé, qui s'est décomposé sans changer de forme, pour passer à l'état de mine de fer.

Fig. 1, 2, 3, parallélipipède rhomboïdal (pag. 286). PLANC. IV.

60. Parallélipipède rhomboïdal tronqué plus ou moins profondément dans ses deux angles solides obtus.

78. Le parallélipipède rhomboïdal, dont les six arrêtes intermédiaires sont tronquées légérement en biseau. Il y a aussi la mine de fer spathique lenticulaire groupée en crête de coq.

CUIVRE.

(Vol. III, pag. 305).

Fig. 2, 5, 7. Cristaux en cube de cuivre natif. PLANCH. II.

PLANC. III. 1 et 2. Cuivre natif octaèdre de Sibérie.

MINE JAUNE DE CUIVRE.

PLANCH. I. *Fig.* 1, 2, 9, 17. Le tétraèdre régulier.

MINE GRISE DE CUIVRE, FALERTZ, OU ARGENT GRIS.

Fig. 1, 2, 3, 4, 9, 10, 11; 13, 14, 15, 16, 17, 21, 22, 23, 24. Les diverses modifications du tétraèdre sont faciles à reconnoître. Les figures ci-dessus ne diffèrent entre elles que par le plus ou le moins de troncature. (Voyez vol. III, p. 315.)

MINE DE CUIVRE VITREUSE ROUGE.

PLAN. III. *Fig.* 1, 2, 4, 5, 6, 7. L'octaèdre aluminiforme avec ses troncatures dans ses angles.

AZUR DE CUIVRE.

(Page 34).

La forme des cristaux d'azur de cuivre,

dérive d'un octaèdre rectangle, à plans triangulaires isoceles, ayant sur chaque pyramide deux faces opposées plus inclinées que les autres. PLANC. III.

Fig. 52. Mais cet octaèdre est presque toujours allongé, soit dans un sens, soit dans l'autre.

43. Celui-ci est allongé parallelement au triangle isocele qui forme les extrémités de ce cristal, et qui produit un prisme rhomboïdal un peu comprimé.

53. Celui-ci est l'inverse du précédent. Il est allongé parallelement aux angles obtus des triangles isoceles de la figure 52 de sorte que les triangles les plus inclinés deviennent les côtés d'un prisme rhomboïdal. Danscette seconde modification le prisme est moins comprimé que dans la précédente; elle est aussi celle qui se rencontre le plus fréquemment dans les cristaux naturels de l'azur de cuivre ; mais il est rare de les rencontrer sans troncature.

PLANC. VII. *Fig.* 4. Azur de cuivre prismatique, tétraèdre rhomboïdal tronqué net dans ses deux extrémités.

1re. Le même octaèdre que la figure primitive 52 ; mais dont les faces étroites des sommets sont légérement tronquées de part et d'autre en biseau.

2. Le même que le précédent, devenu prismatique, dont les troncatures en biseau ont pris plus de largeur, et dont le prisme est tronqué dans ses deux bords.

3. La variété précédente dont le prisme est tronqué dans ses quatre bords, et dont les sommets deviennent hexaèdres ou même octaèdres par des surtroncatures.

VITRIOL DE CUIVRE, natif et artificiel.

PLANC. IV. *Fig.* 70. Parallélipipède rhomboïdal assez comprimé, terminé par six plans rhomboïdaux, mais si différens entr'eux, qu'on peut les considérer comme un prisme tétraèdre rhomboïdal formé par quatre rhombes, et terminé à chaque extrémité par une face rhomboïdale.

71. L'un des bords obtus tronqué suivant sa longueur. Planc. IV.

72. Les deux bords obtus tronqués de même.

73. La figure précédente tronquée de plus dans ses bords aigus.

74. La même, dont les bords sont tronqués de biais.

75. La figure 73, dont deux bords alternativement opposés sont tronqués sur les faces extrêmes ; c'est la forme la plus commune.

76 et 77. La même que la précédente, tronquée dans ses quatre angles solides plus ou moins. La figure 77 a de plus une petite surtroncature triangulaire.

Mine de Plomb.

(Volume III, page 366.)

Galene ou Mine de plomb sulfureuse. Toutes les variétés qu'on y rencontre dérivent du cube et de l'octaèdre rectangle;

PLANC. IV. mais la forme cubique est celle qui se présente le plus communément.

PLANCH. II. *Fig.* 1, 2, 3, 4. Ces cubes varient dans leurs grandeurs et se trouvent quelquefois solitaires.

5, 7, 9, 10. Cette dernière est tronquée dans ses douze angles solides, ce qui ajoute douze petits plans rectangulaires.

PLANC. III. 1, 2, 3, 4, 12. Galene octaèdre, très-rare en cristaux solitaires.

MINE DE PLOMB BLANCHE ET NOIRE.

(Page 380.)

Cette mine n'est autre chose qu'une chaux de plomb minéralisée par l'acide méphitique.

PLANC. IV. *Fig.* 19. Deux pyramides hexaèdres à plans triangulaires isoceles, sans aucun prisme intermédiaire. Cette figure ressemble beaucoup au cristal de roche.

7. Les deux pyramides devenues cunéiformes.

28. Les deux pyramides séparées par un long prisme. PLANC. IV.

29. Le même, comprimé.

18, 19, 20, 21. Prisme hexaèdre plus ou moins régulier, tronqué net à ses extrémités.

PLOMB VERT.

Fig. 28, 46. Celui-ci est le même que le 28, mais dont les sommets sont tronqués plus ou moins près de leurs bases. PLANC. VI.

18, 19, 20. Prisme hexaèdre tronqué net. PLANC. IV.

MINE DE PLOMB ROUGE.

Cette mine est colorée par le fer, et nous vient de Sibérie.

Fig. 33. Ce sont des parallélipipèdes rhomboïdaux prismatiques, terminés par deux rhombes inclinés. PLAN. VII.

MINE DE PLOMB NOIRE.

(Vol. III, pag. 399.)

La mine de Plomb noire n'est autre

PLAN. VII. chose que de la mine de plomb blanche ou verte, plus ou moins dénaturée par des vapeurs de foie de soufre, due sans doute à la décomposition spontanée des pyrites martiales lorsque l'altération est légère, le minéral n'en fait que changer de couleur; mais l'action continue de la vapeur va quelquefois jusqu'à déloger entièrement l'acide méphitique, et le soufre qui le remplace régénère alors la galène en s'unissant à la terre métallique du plomb qui passe à ce nouvel état, sans changer de forme qu'elle devoit à son union précédente avec l'acide méphitique.

Je prends occasion de citer ici un morceau qui prouve évidemment ce qui vient d'être dit sur la régénération de la galène. M. Sage possède un groupe de plomb blanc en prisme hexaèdre très-allongé, tronqué net aux extrémités, dont la moitié ou bien une partie de ces prismes sont régénérés en galène très-brillante, et l'autre partie est demeurée en plomb blanc

blanc du plûs bel éclat, ce que l'on peut regarder comme une très-grande curiosité. PLAN. VII.

MINE D'ETAIN.

Les cristaux d'Etain blanc ne présentent guères que l'octaèdre aluminiforme (pag. 412, fig. 1 et 2.); mais les cristaux d'Etain qui doivent à des molecules étrangères et le plus souvent martiales une couleur noire, rougeâtre ou verdâtre, plus ou moins foncée, présentent des formes cristallines beaucoup plus variées. PLANC. III.

25. Cristaux d'Etain noir octaèdre à plans triangulaires isoceles.

26. Les deux pyramides séparées par un prisme tétraèdre.

27. La variété précédente dont les arrêtes du prisme sont tronquées.

28. La même dont les arrêtes des sommets sont aussi tronquées.

29. Prisme tétraèdre, terminé par des pyramides subdodécaèdres entières ou tronquées au sommet. Chacune des faces

H

PLANC. III. de la pyramide est divisée par une arrête peu saillante en deux triangles rectangles.

30. Prisme tétraèdre terminé par des pyramides octaèdres qui s'éguisent elles-mêmes en pyramides : la pyramide qui en résulte est elle-même terminée par un sommet tétraèdre à plans trapézoïdaux qui se joignent à angle droit, et le sommet devient octaèdre par la troncature légère de ses arrêtes.

31. Le même, plus comprimé.

32. Cette variété differe des deux précédentes en ce que les plans trapézoïdaux des pyramides extrêmes ont disparu par la troncature inégale et plus profonde des arrêtes de la pyramide. (*Voyez* p. 405.)

ARGENT NATIF.

(Vol. III, pag. 432.)

L'Argent natif se cristallise quelquefois en cubes, mais très-souvent en octaèdres très-petits, pour l'ordinaire, et implantés les uns sur les autres en façon de dendrites ou de petits arbrisseaux d'une forme très-élégante. Planc. II.

1, 5, 7, 9, 10. Cube tronqué dans ses angles, plus ou moins.

1, 2, 4, 5, 10, 11, 16. L'octaèdre tronqué dans ses angles (1). Planc. III.

Mine d'Argent rouge.

(Vol. III, page 447.)

L'Argent minéralisé par le concours du soufre avec l'arsenic, est en cristaux d'un rouge plus ou moins foncé, tirant sur le pourpre où sur le ponceau, lorsqu'ils sont opaques : ils dérivent d'un dodécaèdre à plans rhombes assez semblables au Grenat. (Pl. IV, fig. 106.)

---

(1) J'ai vu dans le cabinet de M. de la Bove un groupe d'argent natif dont les octaèdres sont fort gros et séparés par de longs prismes : ce morceau est très-rare, je l'ai dessiné dans mon grand ouvrage de minéralogie.

PLANC. IV. 88. Prisme hexaèdre à plans rhomboïdaux, terminé par deux pyramides obtuses à plans rhombes, ou le dodécaèdre du Grénat séparé par un prisme. On trouve cette variété au Hartz en Bohême.

26. Les deux pyramides trièdres de la figure précédente ont leurs arrêtes tronquées.

PLAN. VII. 27. Le même, dont les arrêtes alternes du prisme sont légérement tronquées.

PLANC. VII. 28. La même variété, dont toutes les arrêtes sont tronquées.

PLANC. IV. 107, 108, 109, 110. Le dodécaèdre, dont toutes les arrêtes sont plus ou moins tronquées, d'où résulte un polièdre à 30 facettes.

Mais il faut convenir que cette variété est aussi rare dans la mine d'Argent rouge, qu'elle est commune dans le Grenat.

PLAN. VII. 29. Les troncatures linéaires des pyramides hexaèdres de la figure 26, s'élargissent aux dépens des trois rhombes alternes qui deviennent alors forts petits, ou disparoissent même tout-à-fait : dans ce dernier cas, les deux pyramides deviennent trièdres à plans rhombes; mais ces rhombes étant plus inclinés sur le prisme que ne l'étoient les rhombes de la variété 2, figure 26, présentent un passage aux deux variétés suivantes. PLAN. VII.

30. Les deux pyramides de la variété précédente ont leurs sommets tronqués net ou terminés par un plan triangulaire, ce qui change les trois rhombes de chaque pyramide en pentagones, si la troncature est légère; et en triangles isocelés, si elle est plus profonde.

18, 19, 20, 21. Prisme hexaèdre régulier ou irrégulier, tronqué net: les prismes où l'on distingue quelquefois des vestiges de la pyramide trièdre des variétés précédentes, sont quelquefois tronqués net, au point que les pyramides ont entièrement disparu: on rencontre cette variété en segment de prisme hexaèdre ou subdodécaèdre. Figure 20, 24 et 26. PLANC. IV.

31. Le dodécaedre de la variété 1re., fig. 26, mais dans lequel les rhombes des PLAN. VII.

PLAN. VII. pyramides sont partagés par une diagonale en deux plans triangulaires, de manière que le prisme est alors terminé par deux pyramides hexaèdres obtuses: ces pyramides hexaèdres ne constituent dans l'Argent rouge qu'une très-légère variété par la division des rhombes; primitive division qui très-souvent n'a lieu que sur un seul ou deux rhombes de la pyramide triedre. (*Voyez* page 455.)

32. Cette variété précédente a quelquefois les sommets tronqués de biais et plus ou moins profondément sur les arrêtes les plus obtuses (page 455).

MINE D'ARGENT BLANCHE ANTIMONIALE.

PLANC. IV. *Fig.* 18. Cette mine est découverte depuis quelques années dans la mine de Cassale, en Espagne: on la prendroit, par sa blancheur et son éclat métallique, pour de l'Argent natif; mais elle n'en a ni la consistance, ni la forme, puisqu'elle se critallise en prisme hexaèdre strié, ou cannelé, suivant sa longueur. (*Voyez* vol. III, pag. 461.) PLANC. IV.

MINE D'ARGENT VITREUSE.

La mine d'Argent vitreuse, ou l'Argent minéralisé par le soufre seul, a la couleur grise du plomb; mais sa surface prend souvent une teinte brune ou noire; sa cristallisation est le cube ou l'octaèdre. (Pl. II., fig. 1, 4, 5, 7, 9, et pl. III, fig. 1, 2, 3, 4 et 5.)

MINE D'ARGENT CORNÉE.

Cette mine dont la richesse égale celle de la mine d'Argent vitreuse, paroît devoir son origine à de l'Argent natif; elle accompagne et même enveloppe très-souvent, dans les mines du Pérou, l'Argent natif en masse ou ramifié; sa cristallisation est en petit cube, demi-transparente. (Pl. II, fig. 12.)

Or natif.

Quoique l'Or natif soit rarement exempt du mélange d'une petite portion d'argent ou de cuivre, cela n'empêche pas qu'il ne soit susceptible d'une forme cristalline qui, pour l'ordinaire, est l'octaèdre aluminiforme ou rectangulaire. (Planc. III, fig. 1, 2, 12.)

Planc. IV. *Fig.* 110. L'octaèdre se subdivise en trois plans trapézoïdaux, d'où résulte un poliédre à vingt-quatre facettes, ou le grenat à vingt-quatre facettes.

Il est bien plus ordinaire de rencontrer ces cristaux ramifiés en dendrites ou en feuilles très-minces hérissées de petites éminences triangulaires.

J'ai vu, chez M. Forster, un groupe d'Or natif ramifié le plus élégamment possible, dont chaque extrémité des branches portoit un cristal octaèdre beaucoup plus gros que les autres, ce qui lui donne l'apparence d'un arbre à fruit d'or.

Cristaux salins.

Figures des Cristaux de Soufre.

(Cristallographie, vol. I, page 262.)

La forme primitive du Soufre n'est point l'octaèdre rectangulaire, mais un octaèdre rhomboïdal à plans scalenes, formé par deux pyramides quadrangulaires obliqueangles et obtuses, jointes base à base. (Fig. 1, 2, 3, 4, 5, 6, 7, 8.)

Fig. 4. L'octaèdre scalene devient cunéiforme.

2. Les sommets sont tronqués plus ou moins, d'où résulte un décaèdre obliqueangle.

5. L'octaèdre dont les deux sommets sont séparés par un prisme fort étroit; c'est la figure qui se presente le plus fréquemment dans le soufre de Cadix.

6. La variété, précédente dont les solides aigus de la base des pyramides sont tronqués de biais par les faces.

7. Les deux angles solides aigus sont surtronqués net.

PLANC. V. 8. L'octaèdre cunéiforme, dont les deux angles aigus sont tronqués comme dans la précédente.

9. Le même que la figure 7, dont les angles aigus sont tronqués plus profondément.

SEL MARIN ET SEL GEMME.

PLANC. II. Le Sel marin et le Sel gemme se cristallisent toujours en cube.

PLANC. VI.

TARTRE VITRIOLÉ.

L'Alkali fixe végétal, saturé d'acide vitriolique, forme le tartre vitriolé, sel neutre qui ne s'altere point à l'air.

Fig. 1, 2, 3, 4, 5, 6, 7, 8, 9, 10, 11, 12, 14, 17.

La forme primitive du Tartre vitriolé paroît être comme dans le cristal de roche; mais il en diffère en ce que ses pyramides sont plus allongées, et par conséquent plus aiguës que dans le cristal de roche, et les variétés particulières du

Tartre vitriolé sont différentes, comme PLANC. VI.
on peut le voir dans les cristaux. Les figures 7 et 8 sont des cristaux comprimés. (*Voyez* la page 298. Cristal.)

ALUN.

La forme essentielle et primitive de ses cristaux est l'octaèdre régulier : toutes ses variétés n'offrent que des accroissemens ou des portions plus ou moins avancées de cet octaèdre. (Fig. 1, 2, 3, 4, PLANC. III.
5, 8, 10, 11, 12, 13, 14); et lorsqu'il est saturé de sa terre, il prend la forme de cube non transparent (fig 1 et 4.) PLANC. II.

CRISTAUX DE SUCRE.

La forme essentielle et primitive du Sucre est un octaèdre rectangulaire et souvent allongé ou cunéiforme, dont les sommets des pyramides sont tronqués net près de leurs bases, d'où résulte un décaèdre formé par deux plans rectangles opposés, et par huit trapèzes en biseau ; la figure

51 est la plus complette, mais aussi la plus rare; car le Sucre présente souvent l'une ou l'autre des variétés suivantes.

Planc. III. (Fig. 33, 34, 35, 36, 40, 41, 42. 51')

CRISTAUX DE SEL NITRE, OU SALPÊTRE.

La forme la plus simple de ce sel paroît être un octaèdre rectangulaire ou

Planc. III. cunéiforme (Fig. 43, 44, 45, 46, 47, 48, 49, 50.)

VITRIOL MARTIAL.

La forme la plus simple est un parallélipipède rhomboïdal, mais moins comprimé que celui du cuivre, et très-souvent tronqué dans ses angles solides; en quoi

Placn. IV. il differe du vitriol de cuivre. (Fig. 4, 45, 50, 54, 55, 56, 57, 58, 59.)

SEL AMMONIAC.

Planc. III. (Fig. 23, 24.)

BORAX.

(Fig. 80. 82, 83, 84 85, 86).

ALKALI FIXE MINÉRAL.

(Fig. 34 , 43). PLANC. V.

SEL DE SAIGNETTE.

(Fig. 4, 5, 6, 7, 8, 9). PLAN. VII.

SEL DE SEDLITZ.

(Fig. 19, 20, 21, 22). PLAN. VII.

SEL VÉGÉTAL.

(Fig. 23, 24, 25). PLANC. VII.

SEL DE GLAUBER.

(Fig. 33, 34, 35, 36, 37, 38, 39, 59, 60, 77, 80. Vol. I, page 301). PLANC. III.

CRISTAUX MACLÉS.

On appelle macle tous cristaux coupés par moitié, ou bien deux segmens de cristaux joints ensemble en sens contraire, qui souvent offrent des angles rentrans par la rencontre des faces qui étoient opposées dans le cristal entier; c'est un jeu de la nature assez curieux qui avoit embarrassé jusqu'à présent les observateurs ; c'est pourquoi j'ai imaginé de représenter ces sortes de cristaux d'une manière mouvante, pouvant se retourner et former lecristal entier.

Fig. 1. L'octaèdre aluminiforme maclé. Ces sortes de macles se rencontrent dans le diamant, le rubis spinel et dans l'alun.

2. L'octaèdre de l'étain, maclé de manière à présenter des angles rentrans que les Allemans appellent *visière de fusil.*

3. L'octaèdre de l'étain dont les deux sommets sont séparés par un prisme maclés, et ce qui produit deux espèces d'angles rentrans, dont l'un est formé par la rencontre des plans triangulaires des sommets, et l'autre par la rencontre des côtés du prisme : on rencontre presque toujours l'étain noir sous cette forme.

4. Le Gipse rhomboïdal maclé, formé par deux moitiés jointes ensemble en sens contraire, ce qui produit à un bout un angle saillant, et à l'autre un angle rentrant.

5. Autre macle de gipse à sommet arrondi, coupé diagonalement.

Le Gipse lenticulaire maclé, que l'on appelle communément le fer de lance: ces sortes de macles sont fort communes à Montmartre, et s'y trouvent en très-grand volume, presque toujours cassés dans la forme de fer de lance que les petits marchands nous vendent sous le nom de Talc.

7. Le Gipse à sommet arrondi, fort singulier, assez rare et maclé d'une manière contraire à la figure 5 dont les sommets curvilignes sont disposés horisontalement ensemble, et offrent sur le côté le fer de lance beaucoup plus ouvert.

8. Chorle blanc maclé. *Voyez* cristallographie, vol. II, page 409).

9. Autre macle de Chorle blanc, observé par M. Lermina: c'est l'octaèdre cunéiforme et prismatique coupé dans sa longueur diagonalement aux angles des sommets, qui, étant retourné, produit des angles rentrans.

10 Le Spath calcaire pyramidal coupé dans la base des sommets, et retourné de manière que les angles aigus se rencontrent avec les angles aigus, au lieu de se rencontrer par les angles obtus, comme dans le cristal entier, ce qui produit des petits angles rentrans produits par les faces des deux pyramides.

11. Spath calcaire maclé en forme de cœur, unique et très-curieux : sur deux beaux groupes que possède M. Forster, et dont il vient d'en céder un à M. le comte Alexis de Golowkin ; c'est le Spath pyramidal à sommet trièdre, tronqué fort avant, dont les deux sommets sont séparés par un prisme hexaèdre sur les côtés duquel on apperçoit des petits plans triangulaires qui sont les restes des plans pyramidaux.

12. Macles du Spath calcaire parallélipipede rhomboïdal observé par M. Macar.

13. Macle de Feld-Spath. C'est le cristal complet coupé diagonalement à son prisme

prisme dans sa longueur, et retourné de manière à produire à chaque sommet des facettes fort singulières, qui auroit été fort difficile à reconnoître sans la découverte des macles; c'est la substance la plus variée en macles.

14. Le tétraèdre coupé dans ses quatre angles assez profondément pour démontrer qu'il en résulte un octaèdre, et dont les quatre angles se démontent.

15. Le cube sur les faces duquel s'élèvent des pyramides tétraèdres obtuses à plans triangulaires, ce qui produit le dodécaèdre à plans rhombes du Grenat, et dont chacune de ses faces se démontent.

24. Le Volframe dont la cristallisation n'étoit pas connue : j'ai eu occasion de remarquer ses cristaux et les variétés suivantes sur un superbe groupe que possède M. Forster : le Volframe se présente en tables qui, comme dans le Spath pesant, sont ceintes par des trapèzes en biseau, ces tables sont striées dans leur longueur.

25. Le même, tronqué dans ses angles solides.

26. Le même, avec double trapèze ou biseau, et parallelement aux stries, ce qui change en hexagones les rhombes produits par la troncature des angles solides.

FIN.

De l'imprimerie de J. B. HÉRAULT, rue de Harlai, n°. 15 au Marais.

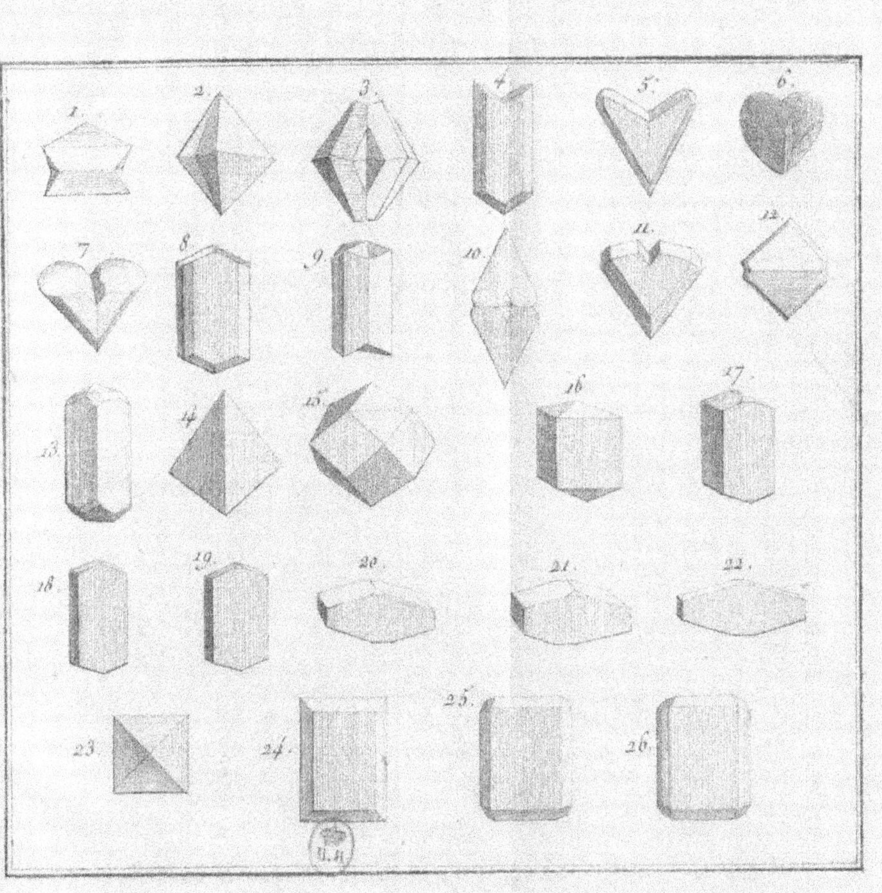

www.ingramcontent.com/pod-product-compliance
Ingram Content Group UK Ltd.
Pitfield, Milton Keynes, MK11 3LW, UK
UKHW021106270726
13993UKWH00006B/1043

9 782329 211855